设 | 计 | 速 | 递 |
DESIGN CLASSICS

私享空间——休闲专辑

LEISURE SPACE

● 本书编委会 编

中国林业出版社

图书在版编目（ＣＩＰ）数据

私享空间：休闲专辑 /《私享空间》编写委员会编写. -- 北京：中国林业出版社, 2015.6
（设计速递系列）

ISBN 978-7-5038-8016-2

Ⅰ.①私… Ⅱ.①私… Ⅲ.①休闲娱乐－服务建筑－室内装饰设计－图集 Ⅳ.①TU247-64

中国版本图书馆CIP数据核字(2015)第120875号

本书编委会

◎ 编委会成员名单

选题策划：	金堂奖出版中心					
编写成员：	董 君	张 岩	高囡囡	王 超	刘 杰	孙 宇	李一茹
	姜 琳	赵天一	李成伟	王琳琳	王为伟	李金斤	王明明
	石 芳	王 博	徐 健	齐 碧	阮秋艳	王 野	刘 洋
	朱 武	谭慧敏	邓慧英	陈 婧	张文媛	陆 露	何海珍
整体设计：	张寒隽					

中国林业出版社 · 建筑分社

策　　划：纪 亮
责任编辑：李丝丝　王思源

出版：中国林业出版社
（100009 北京西城区德内大街刘海胡同 7 号）
http://lycb.forestry.gov.cn/
E-mail：cfphz@public.bta.net.cn
电话：（010）8314 3518
发行：中国林业出版社
印刷：北京利丰雅高长城印刷有限公司
版次：2015年8月第1版
印次：2015年8月第1次
开本：230mm×300mm, 1/16
印张：12
字数：100千字
定价：199.00元

鸣谢

因稿件繁多内容多样，书中部分作品无法及时联系到作者，请作者通过出版社与主编联系获取样书，并在
此表示感谢。

CONTENTS
目录

Restaurant

CONTENTS
目录

Restaurant

Leisure
休闲空间

北 京 银 泰 生 命 汇 会 所
Life Infinity

良 适 小 饮
LIANGSHI DRINK

臻 会所
Excellence club

大 隐 于 市 的 四 合 院
Quadrangle Dwellings

美 的君兰国际高尔夫俱乐部会所
Midea Juntan
International Golf Club

济 南蓝石溪地农园会所
Jinan Bluerock
Creek Plantations Club

瑞 丽 高 尔 夫 会 所
Ruili Golf Club

惠 州中信紫苑·汤泉茶馆会所
Huizhou Zi Yuan
Tang Quan Tea Club

维 多利亚高级美发会所
Vitoria Hair Salon

长 沙 橘 洲 度 假 村
Orange Island Resort Changsha

北京银泰生命汇会所
LIFE INFINITY

项目名称 _ 北京银泰生命汇会所 / 主案设计 _ 孟可欣 / 项目地点 _ 北京市 / 项目面积 _ 2 000 平方米 / 投资金额 _ 2000 万元 / 主要材料 _Toto

A 项目定位 Design Proposition
与同类竞争性物业相比，作品独有的设计策划、市场定位：本案位于北京 CBD 国贸商圈，银泰中心柏悦酒店 6 层。会所专项服务于高端人群的生命管理。对于风格把握，尽量低调内敛。手法运用东方禅意美学，含蓄、委婉而回旋。

B 环境风格 Creativity & Aesthetics
与同类竞争性物业相比，作品在环境风格上的设计创新点：在"减"中求变，删减不必要的枝节，直接揭示事物的本来面目。控制空间中的不必要元素，从而直指人心。

C 空间布局 Space Planning
与同类竞争性物业相比，作品在空间布局上的设计创新点：注意疏密的变化，路线上的曲径通幽，收放自如。

D 设计选材 Materials & Cost Effectiveness
与同类竞争性物业相比，作品在设计选材上的设计创新点：对于选材体现单纯与自然，材料选择主要运用花岗岩和柚木。花岗岩体现的单纯而更多体现柚木自然。

E 使用效果 Fidelity to Client
与同类竞争性物业相比，作品在投入运营后的出众经营效果：喜欢这种宁静和惬意。

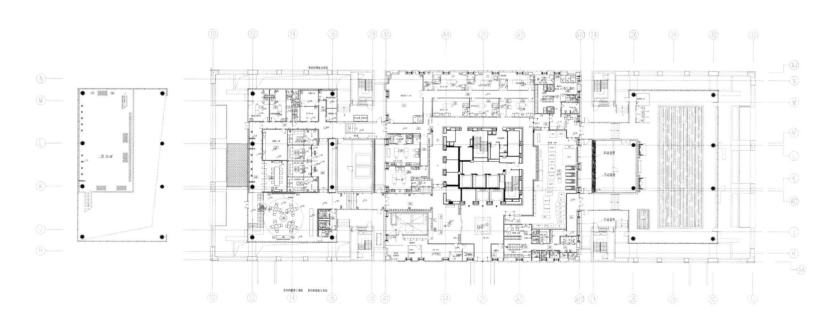

一层平面图

良适小饮
LIANGSHI DRINK

项目名称 _ 良适小饮 / **主案设计** _ 刘峰 / **项目地点** _ 北京市 / **项目面积** _330 平方米 / **投资金额** _450 万元 / **主要材料** _ 大理石

A 项目定位 Design Proposition

"良适"之"小饮",筑空间以养物,塑气场以修心,于现世中安然怀古。以"饮"为媒,研习器物、空间与人的微妙平衡,塑东方情怀之无形为有形。

B 环境风格 Creativity & Aesthetics

良适小饮在材料的选择上以"时间感"为脉,尽量选用越用越好看的实木、铜板,以便留下时间和使用者的"痕迹"和记忆。木质材料是此次空间设计的主要材料之一,因为比较符合良适的"温暖设计"的理念,厚重而具有亲和力。

"良适"以巧妙的空间营造理念,将来自亚洲的顶级设计用品聚于一堂。秉承"适度"哲学,我们深度携手春在、喜研、木美、哲品等原创生活品牌以及众多优秀中国创意人,合力把抽象的东方美学还原给真实的生活日用

C 空间布局 Space Planning

空间设计以"曲径"设计脉络,在设计中强化了空间的私密性和灵活组合性。针对两人、四人、六人乃至几十人艺术活动时的灵活布置,最有效的利用了空间。开幕以来,已经顺利举办设计展览、文人雅集等数次活动。

D 设计选材 Materials & Cost Effectiveness

秉承良适美学所主导的"和时间一起完成设计"的观念,使用翻新老地板、铁管等朴素材料,将几代人的记忆之美融入设计。材料注重"时间感",例如餐厅的老墙壁,我们认为这是"情感化设计"的经典案例。材质尽量选用越用越好看的实木、铜板,以便留下时间和使用者的"痕迹"或是记忆。

E 使用效果 Fidelity to Client

开业半年以来迅速成为北京 751 设计园区的热点地标,亦是创意人和商业品牌的论坛、聚会甚至宴请的首选地。

臻会所
EXCELLENCE CLUB

项目名称 _ 臻会所 / 主案设计 _ 郑树芬 / 参与设计 _ 杜恒 / 项目地点 _ 深圳 / 项目面积 _ 1500 平方米 / 投资金额 _ 1000 万元 / 主要材料 _ 高比地砖、地毯、灯饰、屏风

A 项目定位 Design Proposition

臻会所是一家喜好艺术之人而设计的私人俱乐部及餐饮休闲处，由知名商业地产深国投置业在深圳中心区开发，由 SCD 郑树芬设计事务所团队设计打造而成。臻会所位于市区繁华路段嘉信茂购物中心内，紧邻山姆会员店交通便利，热闹非凡，设计师如何做到闹中取静，如何打开这扇记忆之门呈现他们的作品呢？

B 环境风格 Creativity & Aesthetics

设计师当初与甲方接触时，甲方给出的要求简单而复杂：现代中式、低调奢华。可以说是一个深奥的主题，后来设计师与甲方进行沟通之后，创作带有浓郁的传统文化味道，方案设计长达半年，立刻得到了甲方的高度认可，有种"众里寻他千百度，那人却在灯火阑珊处"的感觉。

C 空间布局 Space Planning

走进臻会所，看到如此的设计空间：水墨壁画、唐朝侍女屏风、雕塑等经典配饰，似乎给是那传说中鲜为人知的时空隧道，中式条几的现代改良设计，既保留古色古香的中式意蕴又不失当代的舒适生活品质，空间层次感丰富，虚实结合，着重真实体验的情感，带入观者的情绪，使得观者都像看一场多幕剧场景不同内容让观者回味思考。

D 设计选材 Materials & Cost Effectiveness

设计师从设计创作到汇报，从材料选型到施工跟进，亲力亲为，把握设计过程的每一个重要节点和环节，对空间关系的深度解构与微妙细节的细致把握，一步一景惊喜变化源源不断的呈现，无形中碰触着我们的心灵，不由自主地随着他设置的空间脚步心潮澎湃，深深地被他设计的氛围感动。

E 使用效果 Fidelity to Client

在人情味道缺失和自然感觉丧失的都市里，我们需要一点原始，天然和温馨，温润低调的木饰面，少些生硬冰冷，多几分自然舒适，每天被淡淡的木质幽香萦绕，生活如此的简单，美好！

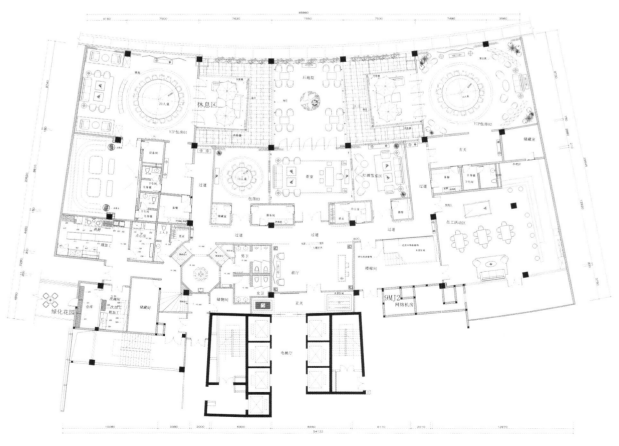

一层平面图

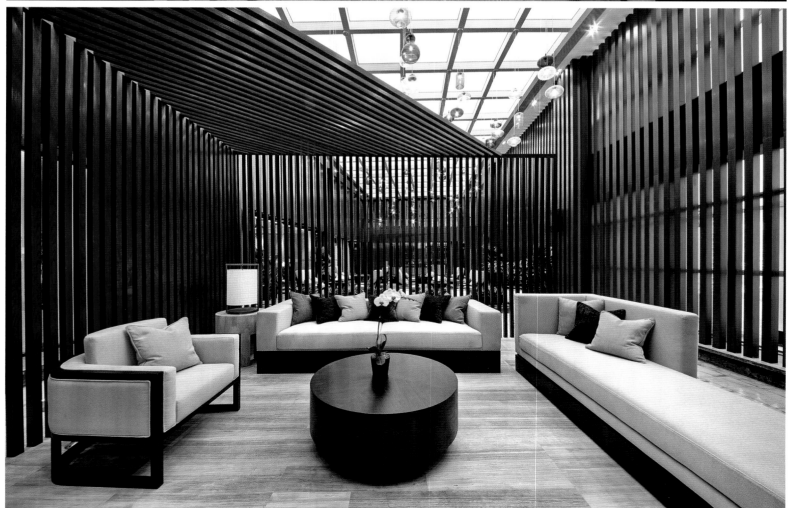

大隐于市的四合院
QUADRANGLE DWELLINGS

项目名称 _大隐于市的四合院 / 主案设计 _陆嵘 / 参与设计 _苗勋、沈寒峰、杨雅楠 / 项目地点 _上海市静安区 / 项目面积 _2000 平方米 / 投资金额 _1800 万元 / 主要材料 _科马、杜拉维特、ERCO、IGUZZINI

A 项目定位 Design Proposition
隐居、私密 打破传统四合院的内装概念。以"儒、释、道"为设计概念为依据。运用 石、木、水、光等元素融入其设计手法中。

B 环境风格 Creativity & Aesthetics
因为此项目是一个文化古建的改造项目，因此在风格上我们首先要保证古建的修旧如旧，其次就是要在环境和格调上要与四合院的整体风格相吻合。

C 空间布局 Space Planning
打破原有的四合院传统布局，在功能上首先要先满足业主的自身需求和功能。在其保护原有古建筑的情况下我们在景观中加入了线形泉等手法。布局中我们将太极馆的空间与室外的景观相融合，使太极馆更具有禅意文化和意境。

D 设计选材 Materials & Cost Effectiveness
选材上我们更注重材料的原始特性和材料的本质特点，我们在室内大量运用了老榆木和藤编的结合，SPA 区域我们采用了石材原料的切割更凸显自然的朴实。

E 使用效果 Fidelity to Client
四合院中透出南方的精致有融入时尚元素，同事整体浓郁的传统文化氛围，使其获得更多文化时尚活动的青睐。

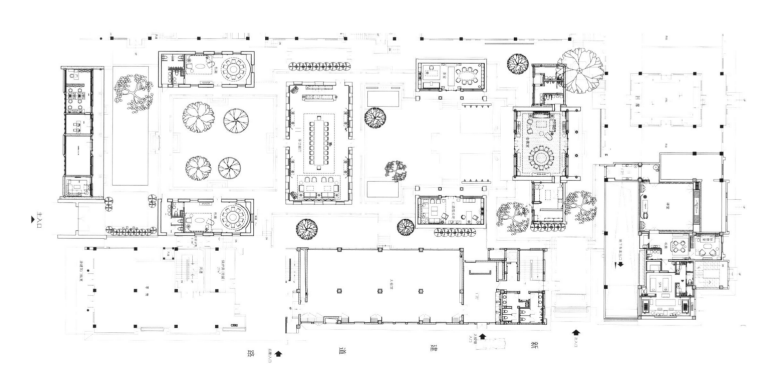

一层平面图

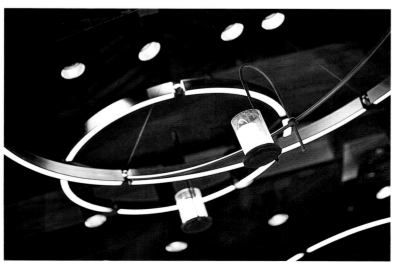

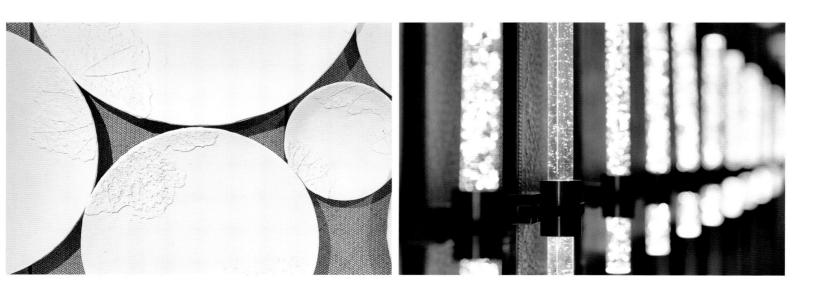

美的君兰国际高尔夫
俱乐部会所
MIDEA JUNLAN INTERNATIONAL GOLF CLUB

项目名称＿美的君兰国际高尔夫俱乐部会所／**主案设计**＿黄志达／**项目地点**＿广东省顺德市／**项目面积**＿18000平方米／**投资金额**＿12600万元／**主要材料**＿环球石材

A 项目定位 Design Proposition

君兰国际高尔夫俱乐部，是一家只对会员开放的顶级私人高尔夫俱乐部。该项目位于顺德北滘君兰国际高尔夫生活村新九洞球场内，顺地势而起，与高尔夫球场绿茵完美结合为一体。作为建筑的一部分，高尔夫展馆、出发厅及专卖店是整个项目的点睛之笔，我们结合建筑与整体室内对部分空间进行再设计，让空间形象与建筑的高端调性相成一致。

B 环境风格 Creativity & Aesthetics

项目所在的北滘镇，一侧为天然水道，自然环境优美，加之项目内文化底蕴十足的高尔夫展馆，更多体现出高球文化及浑厚的历史氛围。因此，我们通过各种复古奢华又玄妙的室内布局，在布满石头的墙壁，贵气十足的木门，充满历史感的陈设，为尊贵的会员提供了一条斑斓的时空隧道，由此可通往十九世纪的欧洲，间隙又回到现实，让人沉漫其中，仿佛走进梦境。

C 空间布局 Space Planning

（1）设计概念与整体建筑息息相关；（2）运用适当透明度平衡光线；（3）天然与人造元素的精心配合。整个空间采用贯通的手法，设计风格延续此前的总统套房的建筑语言，简洁统一，满足高端客户的生活质量要求。尤其是在总统套房这个空间的功能策划上，由于紧邻高尔夫球场，我们将周边恬静雅致的居住环境借景到室内，给居者一种世外桃源般的享受。

D 设计选材 Materials & Cost Effectiveness

空间中通过木饰面和石材来进行穿插组合，增添空间的灵动与雅致情趣，入口左手边用粗犷的青石为材料，通过分割处理，增强楼梯的通透感；右手边两层高的石材背景，尽显大气之美。整个色调上以米白色为主，运用自然的木饰面和石材，在暖光的氛围下，映射出空间的光影与视觉效果；在家私的选型上多以提炼的直线与曲线混搭，赋予其高质量的灰色绒布面料，体现其尊贵感，另配有巧妙的挂件来丰富空间的层次及趣味，让人生在其中享受的是一种异样的空间感受。

E 使用效果 Fidelity to Client

我们通过设计完美融合了高尔夫文化和周边自然环境，让会所气质得以升华。对每一个热爱高尔夫运动的人来说，这里绝不仅仅意味着在挥杆之间、感悟力量、技巧和智慧的乐趣，也是一场美妙的设计体验之旅。

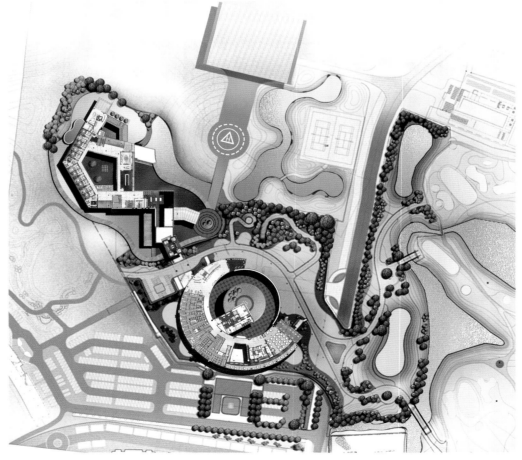

二层平面图

济南蓝石溪地农园会所
JINAN BLUEROCK CREEK PLANTATIONS CLUB

项目名称 _ 济南蓝石溪地农园会所 / 主案设计 _ 王泉 / 参与设计 _ 蔡善毅、李勉丽、徐海龙、王旖濛、张长青、徐琨 / 项目地点 _ 山东省济南市 / 项目面积 _1530 平方米 / 投资金额 _700 万元 / 主要材料 _ 天然石材

A 项目定位 Design Proposition

当今的中国建筑设计大多陷入一种焦灼和功利的状态。本设计则力图创造一种朴实悠然、平和安静的建筑质感。这是一个绿色农庄会所建筑。基地处于一片开阔的农田之中，所以设计的原始构思自然就把它想象成从大地中生长出来的房子。屋顶葡匐蜿蜒有始有终，成为设计的主题之一。这种不规则的跌宕起伏也是要表现中国传统村落天际线自由变化的特征。

B 环境风格 Creativity & Aesthetics

总平面上建筑体量呈发散状向南横向展开，在中心区设置挑高大堂，成为空间序列的最高潮。各种功能房间根据私密性和公共性的区别和等级不同采用不规则的方式构置排列，是对中国传统民居邻里之间自然组合而非整齐划一的空间特质的一种呼应，形成建筑是有机生长的状态。室外局部的檐下灰空间和类似窄巷的连接方式，也是对民居空间文化的一种借鉴。

C 空间布局 Space Planning

由于是散落的自由平面，设计时尤其考虑了自然对流通风的可能性。同时因为增加了墙体厚度，使其具备像北方地区传统建筑的良好保温性能。最大化的争取了绿色低耗建筑的节能效果。

D 设计选材 Materials & Cost Effectiveness

建筑立面质感上，力图回避机械化、成品化的现代感效率感，而重点突出人工感手工感。曾有人说过，"现代化的流水线生产方式其实是反人类的，它使人变成了生产的奴隶。而手工化的生产方式是宜人的，它赋予了人的情感在里面。"所以该建筑的建造过程中，手工的制作感也是设计的主旨之一，包括大面积自然片岩的人工砌筑、所有门窗的现场焊接卯榫打磨等。材料的选择上既考虑到低廉的成本控制，又要表现材质的肌理和真实性，如白铁皮、麦秸板、普通红砖、清水混凝土等。尤其是锈蚀钢板表面随时间的变化，更赋予出建筑一种成长性和生命感。

E 使用效果 Fidelity to Client

本项目自投入使用以来，受到了广大来访者的好评。

一层平面图

瑞丽高尔夫会所
RUILI GOLF CLUB

项目名称 _ 瑞丽高尔夫会所 / 主案设计 _ 邓鑫 / 参与设计 _ / 项目地点 _ 云南省昆明市 / 项目面积 _ 10887 平方米 / 投资金额 _ 7000 万元 / 主要材料 _ 缅甸花梨木、云南石林米黄石、大理锈石

A 项目定位 Design Proposition
景颇族，云南 25 个少数民族之一，主要分布于《月光下的凤尾竹》·孔雀之乡—云南省德宏州。景颇族素以刻苦耐劳、热情好客、骁勇威猛的民族风格著称。"像狮子一样勇猛"，用大长刀与恶势力作斗争。其先民与古代的氐·羌有关，与缅甸克钦族为同一氏族。瑞丽高尔夫会所建筑群正试图表现这些民族特质。本项目由高尔夫会所高尔夫会所、练习场及八栋带高尔夫练习打位的接待别墅，环绕、有划地坐落在高尔夫球场上方，位于云南省德宏州瑞丽江畔与缅甸隔江相望。打造服务于追求品味生活、健康人生的缅甸华侨及省内外高端人气的健康休闲会所。

B 环境风格 Creativity & Aesthetics
规划、建筑、室内一体化设计，景颇族民居特点的建筑形体，景颇族文化、德宏地域文化及景颇人文的室内环境，共同构成休闲、健康、大气，而融合地域民族文化、体现骁勇威猛的景颇精神的整体风格。

C 空间布局 Space Planning
会所空间布局结合山地高尔夫球场的特定环境，以环抱型的圆弧空间规划设计，并采用能尽揽高尔夫球场及瑞丽美景的大面积通透玻璃外墙，以及 16 米高挑坡屋顶传统建筑空间设计。充分展现会所空间的健康、大气、民族传统文化内涵，并将室内优美的大自然景观无障碍地融入室内空间之中，达到人与自然和谐共处的境界。结合山地地形特点，会所大门入口、大堂、餐厅、休闲吧、红酒吧。高尔夫商场及男女淋浴更衣室设置于二层，而出发厅、球车库、球童室及其他配套设施往下设于一层。

D 设计选材 Materials & Cost Effectiveness
因地制宜，选用缅甸花梨木为主要材料，并结合云南石林米黄石、大理锈石等当地材料，营造地域文化特色及丰富民族文化内涵的空间效果。节节高缅甸花梨木饰面造型柱，是凤尾竹元素的提炼运用；斜屋顶钢结构以缅甸花梨木饰面装饰，并保留原建筑结构造型，以及总台背景墙顶部造型，均充分体现空间的民族传统文化特性；藤编与缅甸花梨木相结合的家具设计，尽显休闲健康及地域文化韵味；而大型水晶灯及铜质大吊灯的运用，是现代气息及外来文化的融合。

E 使用效果 Fidelity to Client
项目投入使用后，得到了业主及消费者的高度认可与好评，同时提高了高尔夫球会及周边物业的价值。

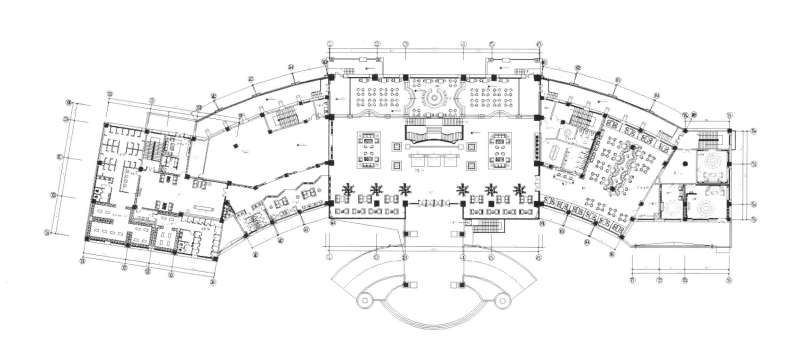

一层平面图

惠州中信紫苑汤泉茶馆会所
HUIZHOU ZI YUAN TANG QUAN TEA CLUB

项目名称 _ 惠州中信紫苑·汤泉茶馆会所 / **主案设计** _ 邱春瑞 / **项目地点** _ 广东省惠州市 / **项目面积** _540 平方米 / **投资金额** _500 万元

A 项目定位 Design Proposition

项目属于旅游地产住宅综合项目第三期，高端定位，茶馆作为本次项目的第一道门槛，无论在形式上还是用户体验度上都需要达到极致。对于商业地产而言，在提供绝佳的服务的前提下，不知不觉让客户慷慨解囊，最终售出自己的产品。以此为基础，设计师把原有"暗藏杀机"的营销中心用富有禅茶文化的会馆作为"掩饰"，让客户无形中感受到本项目存在的无限价值。

B 环境风格 Creativity & Aesthetics

设计师以禅的风韵来诠释室内设计，不求华丽，旨在体现人与自然的沟通，为现代人营造一片灵魂的栖息之地。并借助一代文豪苏东坡历史为背景，营造出室内空间萧瑟、凄凉、踌躇满志、略带悲伤的一种复杂的情怀。借以中国文化代表之一——茶作为引子，不同的茶室提供不同的茶，普洱、龙井、碧螺春、铁观音等，让浓郁的茶香萦绕在室内空间里。

C 空间布局 Space Planning

建筑原本属于别墅住宅类型，在空间布局上就不符合商业空间要求，在此基础上设计师对室内空间布局从新分割和再组合，但是同时又要保留部分居家生活的元素。为使空间的通透性较强，大量运用可开可合的格栅门作为空间之间的分界基准；为引进自然景色和天光，茶室整个墙面打通，用格栅和麻质卷帘作为装饰；室外布局也有细心考究，运用中式庭院布局，前后安置人造水景区，呼唤出了中式传统中的婉约、宁静、内敛、深沉、虚实。

D 设计选材 Materials & Cost Effectiveness

材料的选择需要应景，是室内空间产生感情的基奠。设计师营造的是一种苦涩的室内空间味道，那么就要让材料本身说话。比如，大理石选择比较粗糙的黑岩石，亚光木饰面，麻质硬包等。

E 使用效果 Fidelity to Client

反响很大。

一层平面图

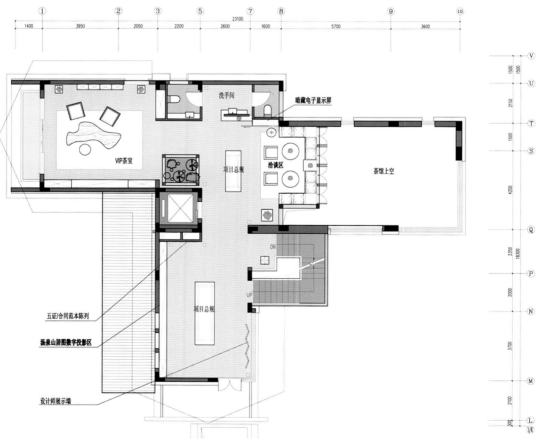

二层平面图

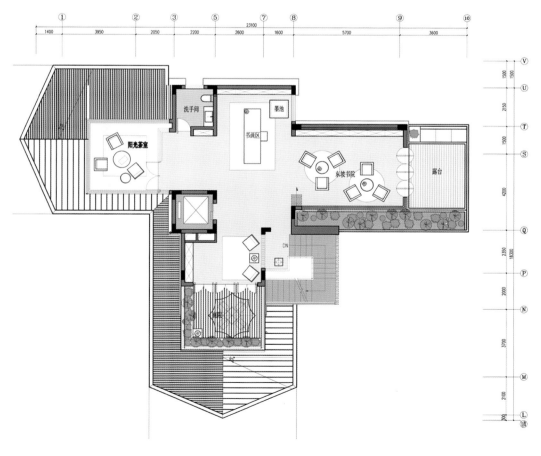

三层平面图

维多利亚高级美发会所
VITORIA HAIR SALON

项目名称 _维多利亚高级美发会所 / 主案设计 _赖伟成 / 项目地点 _云南省昆明市 / 项目面积 _600平方米 / 投资金额 _120万元 / 主要材料 _建隆达石材

A 项目定位 Design Proposition
摒弃常规的美发场所设计与规划，给客户创造更高端、时尚、休闲、放松的美发场所，更给人一种温馨与惬意，来到这里可以畅所欲言，是朋友间的对话与信任！

B 环境风格 Creativity & Aesthetics
本案的设计灵感来源于中国水墨画的意境美，从画中找出表现手法，找到神的表现，简洁的线与留白色彩关系的整体对比，将对现实与自然的提炼，通过结构形式的简化，当代的手法，实现了作品的内在平衡。刚与柔，虚与实的对比，营造出空灵、清丽、明快、抒情的意境。线在空间中穿插，又富有变化及律动，情韵自然。以单纯、留白有力的块面，飞舞的线条，将复杂的事物归纳、锤炼成单纯、素净的造型，形成一种具有中国文化精神和现代形式美感的风格。和谐而清新的色调，宁静而恬淡的境界，使本案的设计产生一种有抒情诗般的感染力。

C 空间布局 Space Planning
整体风格采用了"镂空借景"、"镜面反射"等设计手法，让空间相互渗透。流线更加的合理化，将较低的空间作为储物空间，形成一种高低落差，做到了"一步一景"的空间。

D 设计选材 Materials & Cost Effectiveness
设计师主要采用镀膜钢板、玻璃镜面、石材为主材来展开设计，现场设计制作吊灯等灯具，使整个设计更加的独特，更能突出设计师对细节的注重。

E 使用效果 Fidelity to Client
客户非常喜欢，业主也很满意，得到了美发行业界的好评！

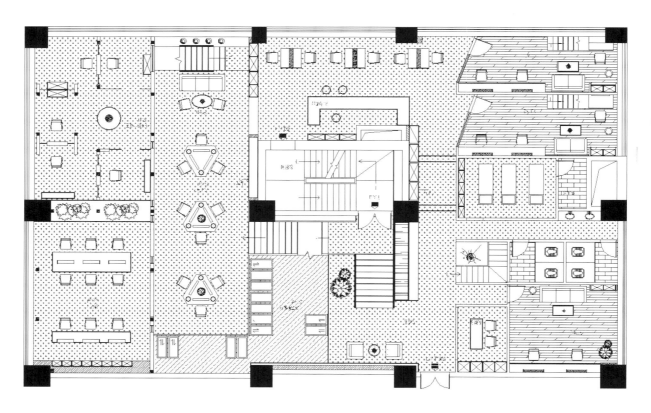

一层平面图

长沙橘洲度假村
ORANGE ISLAND RESORT CHANGSHA

项目名称 _ 长沙橘洲度假村 / **主案设计** _ 陈志斌 / **参与设计** _ 王亦宁、谢琦、司马雄、娄检、谭丽 / **项目地点** _ 长沙市 / **项目面积** _12000 平方米 / **投资金额** _1100 万元 / **主要材料** _ 环球石材

A 项目定位 Design Proposition
按照岛居生活和优质个性化运营的理念结合，享受尊贵服务体现身份象征。

B 环境风格 Creativity & Aesthetics
基地内绿地和景观极其优美自然，并拥有沙滩排球场及超过 600 米的沿江人造沙滩浴场，可以良好的形成室内外互动。

C 空间布局 Space Planning
本案位于长沙橘子洲尾（北段），占地约计 200 亩，现分五栋独立建筑以景观相连。 其中，水会是长沙橘洲度假村的主体运营项目之一，总体使用面积约 10000 平方米，其中室内亲水运动、健身、休息区域建筑面积约为 4000 平方米，室外露天运动、调整、商务区约为 1500 平方米。烧烤吧室外与室外总面积为 600 平方米。

D 设计选材 Materials & Cost Effectiveness
作品采用桃心木染色、爵士白石材、仿古面西班牙米黄防滑砖、镜面不锈钢、琉璃马赛克、艺术墙纸、夹绢丝玻璃、巴西樱桃木地板、手工提花地毯。

E 使用效果 Fidelity to Client
最大限度的发挥区域内建筑与沿江沙滩泳场的互动与交流，充分的引导客户享受区域内的所有空间。

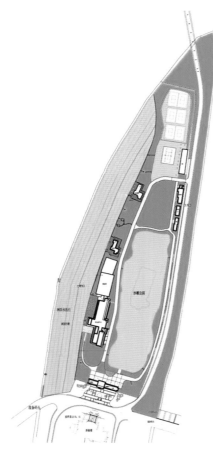

一层平面图

素业茶苑
ON TEA

项目名称 _ 素业茶苑 / 主案设计 _ 黄通力 / 项目地点 _ 浙江 杭州市 / 项目面积 _ 220 平方米 / 投资金额 _ 60 万元

A 项目定位 Design Proposition
业主陈女士是一位温婉的江南女子，是 1999 年杭州市十佳茶艺小姐之一，2006 年首届全国茶艺师职业技能大赛冠军得主，多年来致力于茶文化的研究和推广，希望能建立一个既能传播茶道文化的专业培训机构，更能成为志同道合心灵相惜的朋友闲来谈心交流经验的雅舍。

B 环境风格 Creativity & Aesthetics
本案原址为杭州茶厂的旧厂房改造，建筑外立面保留着先前的红砖黛瓦，内部为传统"人"字顶厂房结构，最低层高 4150mm，最高点 5800mm，以 4 组人字钢梁支撑整个屋顶，因此在设计过程中最难的是要先解决空间布局及结构改造，以满足业主所需的多项功能。设计师巧妙的利用人字顶的构造，采用钢架架构，将房屋搭建成上下两层，错落有致的布置了门厅玄关，二个中式包厢，二个日式和室，二组卡座，一个大型中厅培训室，一组茶艺操作台，茶具茶叶等产业展示区，收银台，仓库等等，最大程度的实现土地资源的利用率。

C 空间布局 Space Planning
如果空间布局是设计的躯干，那风格定位就是设计的灵魂，本案的名称为"素业茶苑"，素业既可以理解为干净的做人做事，亦可理解为希望成就一番事业。无论任何行业都应如茶一般清澈纯粹，设计亦是如此。

D 设计选材 Materials & Cost Effectiveness
设计师运用了原木材质。未采取过多的加工，而是依据材料的原始特性来装饰墙面，环保而自然。增强了以原色氤氲的视觉感官，突显了简洁古朴的线条设计，将淡雅沉稳的空间布局和优柔润泽的光影效果完美结合，自成一处。

E 使用效果 Fidelity to Client
很好。

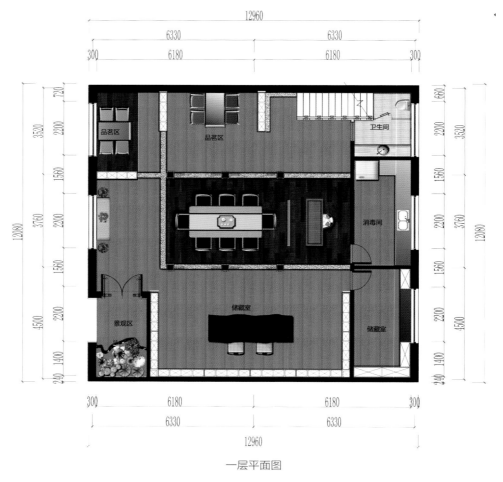

一层平面图

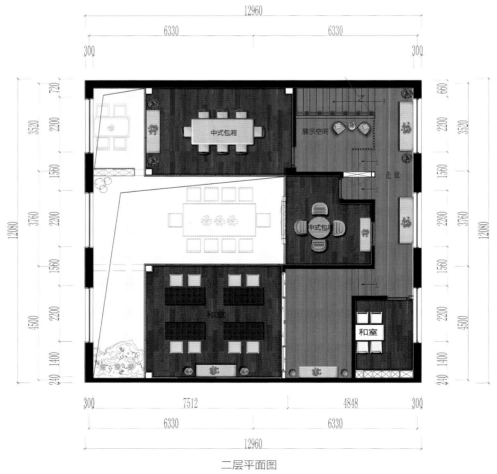

二层平面图

稍可轩
A PORCH

项目名称 _ 稍可轩 / 主案设计 _ 孙铮 / 项目地点 _ 石家庄市 / 项目面积 _900 平方米 / 投资金额 _81 万元

A 项目定位 Design Proposition
琴，亦称瑶琴、玉琴、七弦琴，为中国最古老的弹拨乐器之一，古琴是在孔子时期就已盛行的乐器，有文字可考的历史有四千余年，据《史记》载，琴的出现不晚于尧舜时期。本世纪初为区别西方乐器才在"琴"的前面加了个"古"字，被称作"古琴"。

B 环境风格 Creativity & Aesthetics
古琴文化地位 在中国古代社会漫长的历史阶段中，"琴、棋、书、画"历来被视为文人雅士修身养性的必由之径。古琴因其清、和、淡、雅的音乐品格寄寓了文人风凌傲骨、超凡脱俗的处世心态，而在音乐、棋术、书法、绘画中居于首位。"作为乐器，古琴具有悠远、深沉、高雅的音色品质和丰富的艺术表现力。

C 空间布局 Space Planning
琴馆空间塑造 整个空间塑造以黑白灰为主添加了一些木色给冰冷的空间添加一些活力与人的亲近，通过徽派建筑特色和现实空间用现代的手法做一个结合。入口处正对墙面是白色的墙面上部有瓦片装饰的假窗，内衬灰镜制造别有空间的假象，窗下是不锈钢做的标示向外支出，加上标示本身背部灯光让它感觉像是在飘着，透出一股莫名的幽静与空灵。

D 设计选材 Materials & Cost Effectiveness
正对口宽大厚重的石条桌上面放置一块奇石更是衬托了琴馆的品质。路面是青石地板，其他地面全是白色的石米勾勒出相对规矩的纹理，两侧是徽派建筑典型的墙面造型，将建筑原有的基础设计给藏了起来，避免整个空间显得过于工业化。白墙灰瓦加上墙头的青石板，顶面是木作过梁，阳光疏淡的散落在白墙上有几条木梁留下的阴影，是整个空间更加的纯净、空寂、亲切。

E 使用效果 Fidelity to Client
在走廊可以打开窗子去感受微风拂过水面的感觉，阳光悠然散落水面的晶莹，甚至可以用手去触碰那静静的水面再给它添一份涟漪，去满足一下北方人那亲水的情节。穿过走廊可以看到的是一个几乎闭合的庭院，这里采用的是枯山水的做法，在这里带给你的是另一番视觉盛宴。透过门窗可以看到别致雅韵的琴室，听着耳边响起的深沉悠远的琴声，使人眼前不禁的跳出一抹化不开的梦幻楼阁，仿佛置身世外桃源远离了城市的喧嚣，心被涤荡的分外清澈。

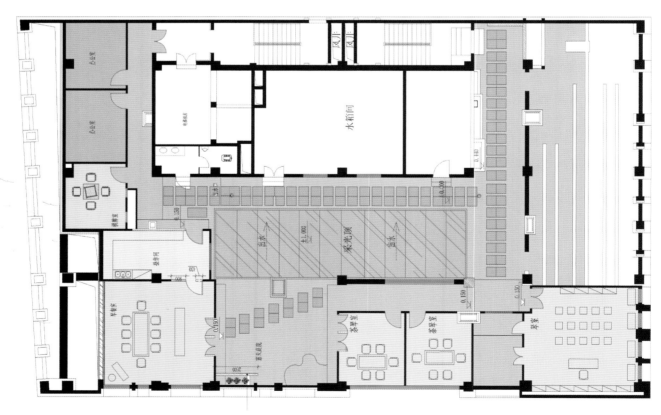

一层平面图

杭城最漂亮的禅茶馆古一宏
THE MOST BEAUTIFUL ANCIENT YIHONG
HANGZHOU ZEN TEA MUSEUM

项目名称 _ 杭城最漂亮的禅茶馆古一宏 / 主案设计 _ 林森 / 参与设计 _ 吕杰 / 项目地点 _ 浙江省杭州市 / 项目面积 _ 556 平方米 / 投资金额 _ 200 万元 / 主要材料 _ 木格栅

A 项目定位 Design Proposition

本案位于杭州白塔公园内，该公园位于老复兴路，毗邻钱塘江边；是西湖文化遗产的实证，是京杭大运河文化遗产的端点，还是 108 年前杭城第一条铁路的始发站所在地；这里是一个有着深厚历史底蕴的主题性公园。

B 环境风格 Creativity & Aesthetics

古一宏红茶产自宜兴，宜兴古称阳羡，怡然自处幽幽太湖之西濒，威仪坐观群山天目之起伏，山清水秀居所，世外桃源福地，集天地灵气孕育，聚日月精华洗礼，固所产宜兴红茶既得源远流长之美名，更具弥香沁脾之美誉。

C 空间布局 Space Planning

中国茶文化的形成有着丰厚的思想基础，儒家以茶修德、佛家以茶修性、道家以茶修心；传统文化的表达和传递，更注重的是空间意境和现实的体会；本案在设计手法上没有过多的修饰，整体简洁、清秀、同时却处处散发着属于传统文化的底气和神韵；这就是本案设计要表达的一种人文境界，一种艺术境界——"茶禅一味"。

D 设计选材 Materials & Cost Effectiveness

格栅作为本次设计的主要元素，让东方禅意得到了更好的体现。竹制实木条排列在空间中随处可见，配合特殊工艺处理的大块面白墙以及人造水景，浓厚的意境呼之欲出。墙面层叠造型是以宜兴地貌为原型，在文化上强调红茶文化之本源，在空间中"源"的延引形成了特有的符号，有较强的品牌识别性。

E 使用效果 Fidelity to Client

室内是建筑空间的延伸，在原有的建筑结构上相辅相成，形成了独立的房中房；既满足了功能上的需求，更让整个空间层次变的丰富，二楼折转的过道穿插其中，增加了私密感的同时给人有几分神秘。

一层平面图

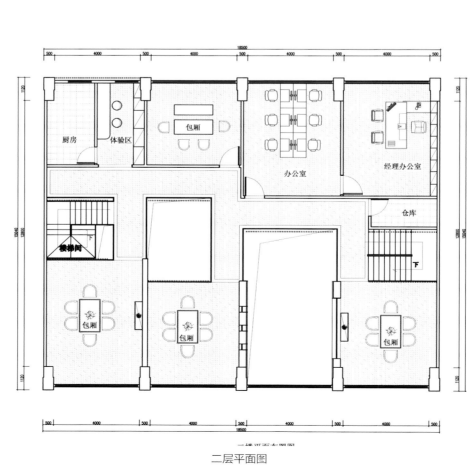

二层平面图

私人会所
PRIVATE CLUB

项目名称 _ 私人会所 / 主案设计 _ 陈轩 / 参与设计 _ 邹咏 / 项目地点 _ 吉林省伊通 / 项目面积 _ 2600 平方米 / 投资金额 _ 1500 万元 / 主要材料 _ 科勒、TOTO、汉斯格雅，原木、马赛克、理石

A 项目定位 Design Proposition
本设计倡导绿色、自然、人文的设计理念。

B 环境风格 Creativity & Aesthetics
形成了气与秀，灵与透的韵味。

C 空间布局 Space Planning
借用中国传统形式布局，呈现一种对称的视觉空间。

D 设计选材 Materials & Cost Effectiveness
结合智能科技产品，充分融合了现代舒适的人性化精神。

E 使用效果 Fidelity to Client
实现了本案生态仓的设计理念。

一层平面图

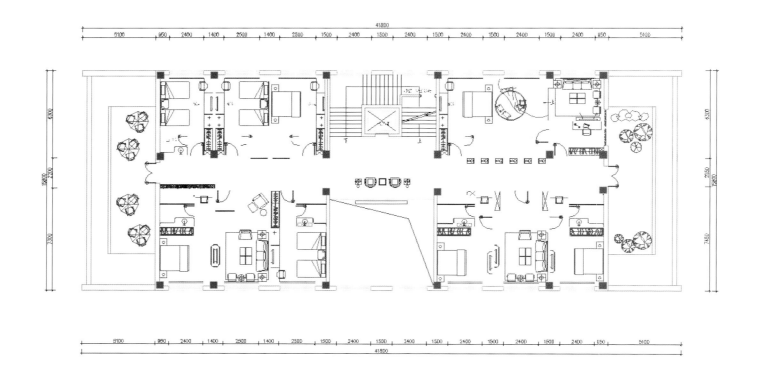

二层平面图

印象客家溯源会所
HAKKA IMPRESSION TRACEABLE CLUBS

项目名称 _ 印象客家溯源会所 / 主案设计 _ 张清华 / 项目地点 _ 福建省福州市 / 项目面积 _900 平方米 / 投资金额 _150 万元 / 主要材料 _ 波尔多灰泥、青石、木雕板、杉木板

A 项目定位 Design Proposition
印象客家溯源文化会所是以展现客家文化内涵为主题的原生态客家风情餐饮文化会所。经营定位以客家原生态美食为主，客家土特产，工艺品，字画为辅的中高端会所。

B 环境风格 Creativity & Aesthetics
客家人在祖辈万里迁徙的磨练及山区恶劣生存环境下的锻冶所产生的客家精神是设计的思路源泉。环境结合定位，围绕客家文化，讲究原生态融汇勤俭，开拓，质朴的客家精神，传承客家河洛文化的经典大气，做到文化、原味、私密相结合的三项特点。

C 空间布局 Space Planning
因为设计之前就参与了会所的定位，顾客群的分析，环境分析，控制投资造价分析，所以在一开始的空间布局就遵循功能结合客家文化，借助客家土楼的空间建筑语言，讲究纵线与横线，交叉点的相互关系，同时还考虑空间与空气的自然流通。

D 设计选材 Materials & Cost Effectiveness
装修施工选材上也是以环保原生态的材料为主，如青石，青砖，灰泥，砾米粒，并保留一些建筑原始的护坡墙的麻石。没有过多的装饰，纯粹的空间，旨意去呈现客家人的精神面貌。

E 使用效果 Fidelity to Client
体现出了客家人质朴的本性，更好的开拓，质朴的客家精神，传承客家河洛文化的经典大气，真正做到文化，原味，私密相结合。

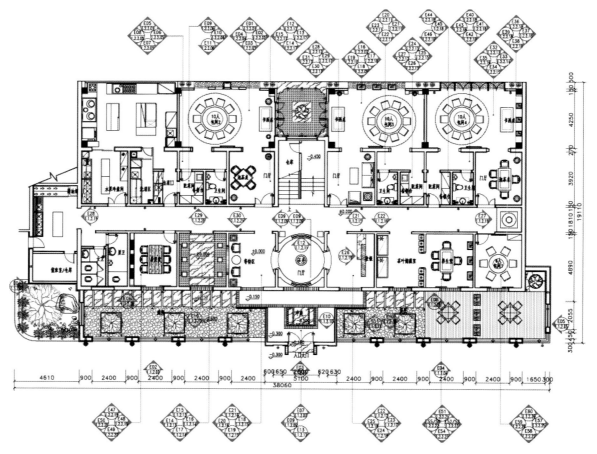

一层平面图

宁夏银川市森林公园会所
NINGXIAYINCHUANSHISENGLINGGONGY
UANHUISUO

项目名称 _ 宁夏银川市森林公园会所 / 主案设计 _ 周方成 / 项目地点 _ 宁夏省银川市 / 项目面积 _500 平方米 / 投资金额 _300 万元 / 主要材料 _ 兔宝宝饰面板

A 项目定位 Design Proposition
喧嚣而又浮躁的都市里，每个人都想找一个减压的空间，来舒缓释放情绪。基于这样的需求本案选择了在一个闹中取静的公园里，创造一个城市里的清凉地．让城市里的精英群体在这里享用美食，品茗，闻香，挥毫，习书。寻找内心的祥和安宁。

B 环境风格 Creativity & Aesthetics
本案在整个空间的设计中，总体风格以新中式为脉络，运用中国传统绘画形式中的："虚"与"空"的手法来塑造空间的视觉感受和内在气韵，让来客体会到大隐隐于世的处世智慧。

C 空间布局 Space Planning
在空间的布局上用到了中国古典园林造园的借景手法，虚实相映，来营造丰富多变的景观空间。达到步移景异，小中见的大景观效果。

D 设计选材 Materials & Cost Effectiveness
设计者采用木料为主使，木隔断，木窗格，木楼梯，以及实木家具，木材的敦厚沉稳的气质恰当的融合到空间的气韵中，墙面的大面积留白，让传统的绘画中的图底关系跃然纸上，铺成出一个 " 言有尽而意无穷的的含蓄空间 "。

E 使用效果 Fidelity to Client
投入运营后受到客户一直好评。

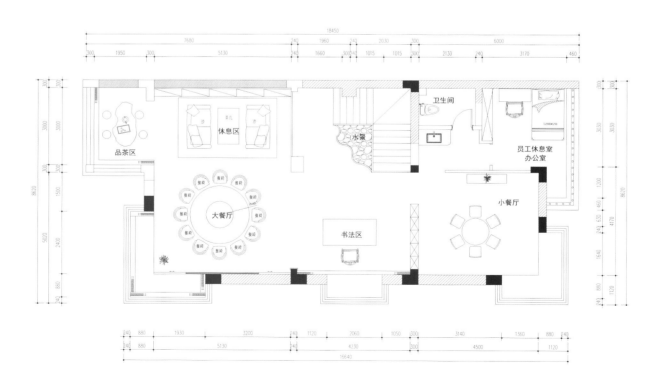

二层平面图

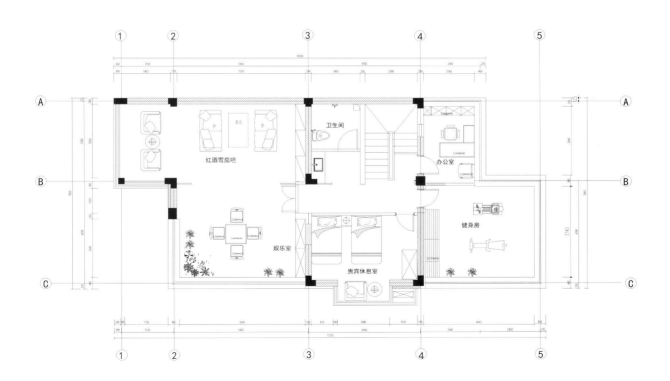

三层平面图

瑞禾园雅集会所
RUI HE YUAN GATHERING CLUB

项目名称 _ 瑞禾园雅集会所 / 主案设计 _ 刘世尧 / 参与设计 _ 李西瑞、杜娇、许国娜、吴亮亮 / 项目地点 _ 河南省郑州市 / 项目面积 _ 900平方米 / 投资金额 _ 560万元 / 主要材料 _ 洁具：OXO，壁纸、布艺：C IGA，木地板：富林，石材：新易丰，五金：汇泰龙

A 项目定位 Design Proposition

当下，中国的设计师已经开始探讨如何运用东方美学，诠释国人对精神文明的追求。所以我们把院子的主体调性确定为东方的、简约的、宁静的、以雅集为主题的会所，同时，也想通过雅集活动，与更多的人分享对美好生活的感知和体悟。

B 环境风格 Creativity & Aesthetics

长长的木案，配着改良过的中式椅子，置物柜却是些有年月的老物件，将军罐做台灯，照拂着绿叶黄花，精致古朴的竹帘，简约高挑的烛台，温润的美玉，几枝滴水观音，让这里的东方韵味更悠长。

C 空间布局 Space Planning

一层是举办雅集活动的主要空间，原建筑体量方正，我们运用偏平的线、面、体、块形成虚实对比，将建筑分割为以水平方向构成的立面。天花和加建部分使用了传统的木构，并向外挑出形成屋檐，下面衔接着落地窗，园林景致可尽收眼底。二、三层为餐、茶空间，以木质地板、青色哑麻壁布饰以精致的黑色线条做分割，宁静、祥和中透出简约的东方雅韵。

D 设计选材 Materials & Cost Effectiveness

青石板、绿可木、红玫瑰实木等一系列的古家具的选用，在视觉上打破了横竖连贯等极富规律性的格调，开辟出新奇的意境来。而木构的纹路如行云流水般充满一种自然的美，置身其中，让人心外无物。

E 使用效果 Fidelity to Client

在城市里行走，最暖心的事就在于能有几个真正的朋友拿出些空闲和雅兴。吟诗作画，喝茶论道，尚品佳肴，古今歌剧……你能想到的雅士风骨，都将在这里一一重现。庭院深处，一曲婉转唱词悦耳动听，一场文化盛宴精彩纷呈。在这里，所有的设计和布置都有意让客人静下心来，尽量抛掉现代节奏里的催促和逼仄，发现雅致文化带给人的独特感受，找回属于朋友和自我的片刻时光。在落雨的夏日驻足院里，仿佛全然进入了一个草木芬芳的清透环境里，不禁让人心旷神怡。

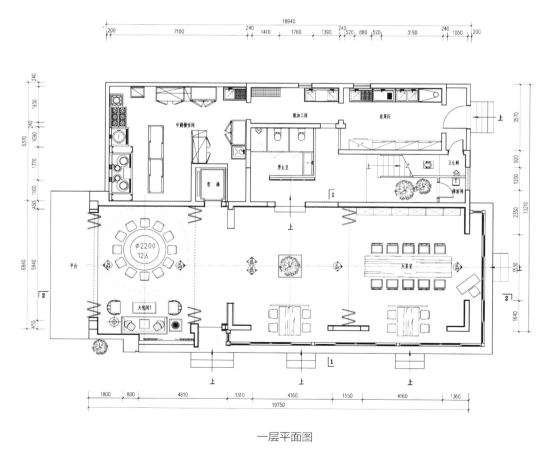

一层平面图

天悦会所 19-20# 会所
CENTRAL PRIVATE CLUB OF GUANGZHOU POLY GRAND MANSION

项目名称 _ 天悦会所 19-20# 会所 / 主案设计 _ 王赟 / 项目地点 _ 广东省广州市 / 项目面积 _ 2700 平方米 / 投资金额 _ 170 万元 / 主要材料 _ 瓷砖：蒙娜丽萨

A 项目定位 Design Proposition
保利天悦作为 185 万平方米综合体中的首发江景豪宅项目，总建筑面积近 60 万平方米的保利天悦，是广州现有最大的江景豪宅社区。项目北临 1.5 公里 CBD 江岸线，尽揽从中信广场延伸至广州塔的 8 公里城市中轴景观，纵观二沙岛到琶洲的 10 公里珠江胜景。光影交错，形成"一江璀璨"的优越景观格局。

B 环境风格 Creativity & Aesthetics
本案的设计概念萌发于业主方对"一个圈子"的大义之解。设计者以 The 48 Group 俱乐部为对象，臆想伫立在年久的伦敦 Mayfair 区的 Annabel's 私人俱乐部餐厅，聆听着会员们的谈笑风生。

C 空间布局 Space Planning
中央会所建筑占地 2700 平方米，纵跨三层，是提供休闲，健身与娱乐的综合性会所。本案负一层布局平行，功能区域分布合理紧凑。而在垂直剖面上，高低错落的视点被合理地分配在不同楼层标高上，从会所的三层通稿窗户向外看，呈现出优美的立体园林景观。

D 设计选材 Materials & Cost Effectiveness
下沉式室内泳池采用 Low-E 圆拱状玻璃天幕，高效环保，同时给人们带来奇特美妙的空间转换体验。面对纵横交错剪力墙结构，我们坚持横平竖直的界面比例，使设计重心回归实用性。

E 使用效果 Fidelity to Client
反响出众。

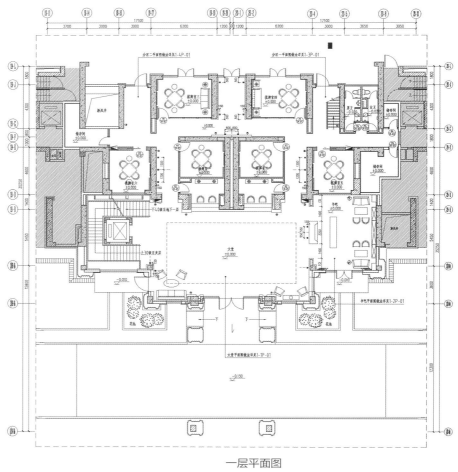

一层平面图

江畔会所
RIVER CLUB

项目名称 _ 江畔会所 / 主案设计 _ 辛明雨 / 参与设计 _ 王晓娜、王健 / 项目地点 _ 黑龙江省哈尔滨市 / 项目面积 _510 平方米 / 投资金额 _700 万元 / 主要材料 _ 科勒卫浴，ICC 陶瓷

A 项目定位 Design Proposition
哈尔滨这座城市是在东西方文化交汇中发展起来的，很早就有中华巴洛克风格的存在，本案的设计想在这种文化交融中寻找一种对于哈尔滨独特的文化味道。

B 环境风格 Creativity & Aesthetics
结合中华巴洛克建筑风格，寻找哈尔滨的民国味道。

C 空间布局 Space Planning
利用原有建筑错层，以中间八角餐厅为中心点想四中分散布局。

D 设计选材 Materials & Cost Effectiveness
将现有材料重新分割后，以风格的形式进行拼装。

E 使用效果 Fidelity to Client
最多的评论是：风格独特，雅俗共赏。

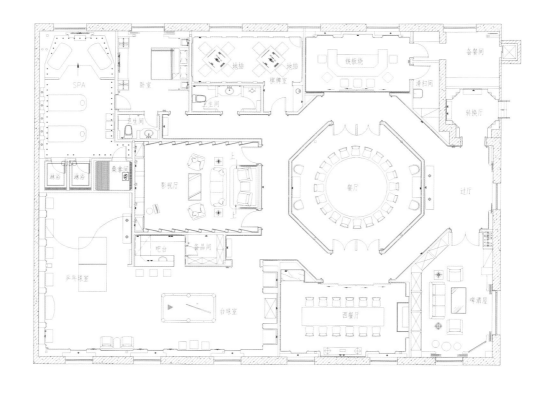

四层平面图

明心堂文化养身会所
MING TANG CULTURE HEALTH CLUB

项目名称_ 明心堂文化养身会所 / **主案设计**_ 郑加洪 / **项目地点**_ 福建 厦门市 / **项目面积**_4000 平方米

A 项目定位 Design Proposition
在当前生活节奏加速的同时，也伴随着亚健康的出现。明心堂文化养身会所打造的是一家综合性顶级专业养生会所，充满中国经典元素，集干蒸、湿蒸、汗蒸房、水疗设备、品茶区、咖啡区、田园生态餐点、美容美发于一体的大型高端健康养护中心，会所设计倡导"内外兼修"，彰显专业文化养生，力求为消费者提供内外兼修、身心灵一体化的养生服务。

B 环境风格 Creativity & Aesthetics
以大自然的元素融入室内空间，更加彰显回归自然、健康的气息。

C 空间布局 Space Planning
根据功能使用的要求，符合人在空间里的舒适性能。

D 设计选材 Materials & Cost Effectiveness
以大自然的材料合理的运用到室内空间里，造价不高同时又能体现文化的氛围。让人倍感轻松愉悦。

E 使用效果 Fidelity to Client
舒适、自然、大气、文化的综合休闲空间。

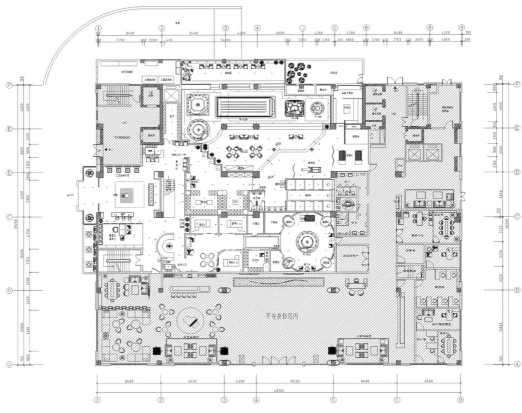

一层平面图

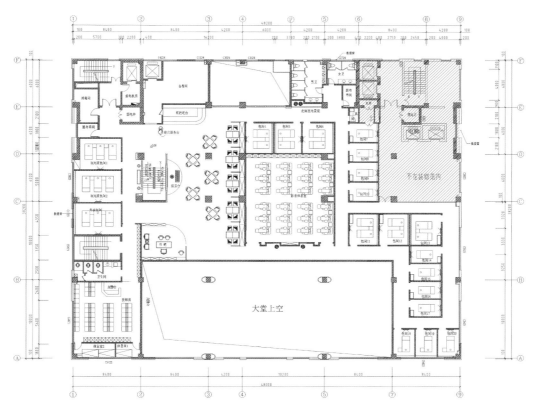

二层平面图

茗泉茶庄
TEA SPRING TEA

项目名称 _ 茗泉茶庄 / **主案设计** _ 刘晓亮 / **参与设计** _ 岑幸、祁喜贺 / **项目地点** _ 广东省东莞市 / **项目面积** _860 平方米 / **投资金额** _230 万元 / **主要材料** _ 简一大理石地砖、科勒洁具

A 项目定位 Design Proposition
以茶文化为主题，为身处繁华都市的企业精英及文人墨客提供了一个的很好的交流放松平台。

B 环境风格 Creativity & Aesthetics
"素·色"，这就是我们赋予这间坐落于繁华都市中的休闲空间的设计概念。通过现代简洁的设计语言来描述，将这样一处充满茶香的文化空间，拉近了与现代生活之间的距离。在色彩控制上，整个空间以稳重的暖灰色调，配合局部光源的处理，以亲切温馨的视觉体验让空间与人之间的关系更加紧密。很多家具运用了原色，元色系在根本、本性、自然的特征，茶香无形的香，使品者反观自己的本性—真、善、美。

C 空间布局 Space Planning
空间形成的高低错落、围合、虚实、秩序与文化体验。使得宾客在休闲的同时也深受文化的熏陶，尽而将儒雅的文人墨客气质演绎的凌厉精致！让空间有了秩序、让空间有了序列、让空间有了礼仪、让空间有了灵魂……

D 设计选材 Materials & Cost Effectiveness
利用原木、竹子、石材、等具有东方气质的元素材质对空间进行整体塑造分割设计，处处以东方文化的气势与氛围，演绎诠释整个室内空间……

E 使用效果 Fidelity to Client
经营效果通过后期的文化交流与推广活动是很多同类型的业态所无法比拟的。运营企业的专业出品和人性化的服务，成就了此空间在成为所处区域的行业热点话题。

一层平面图

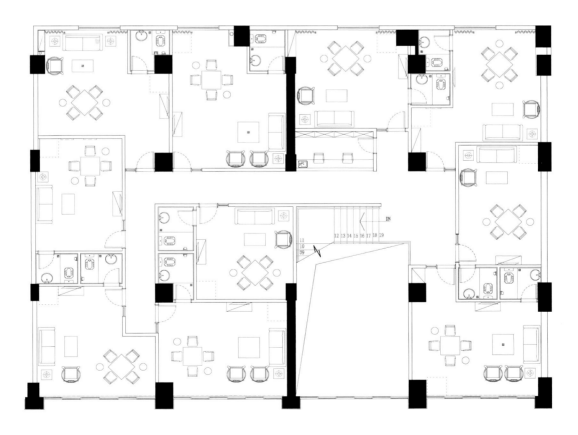

二层平面图

苏州远雄水岸秀墅会所
SUZHOU FARGLORY CLUB HOUSE

项目名称_苏州远雄水岸秀墅会所 - 素朴中隐透的苏式艳丽美景 / **主案设计**_福田裕理 / **参与设计**_福田裕理、祖父江贵、郑林森 / **项目地点**_江苏省苏州市 / **项目面积**_1300平方米 / **投资金额**_650万元 /
主要材料_凤尾钻花岗岩、大西洋彩玉、黑白地砖、各色人造石、黑钛 / 古铜拉丝不锈钢、灰镜、艺术明镜、彩色玻璃、烤漆玻璃、块毯、仿木贴皮、织物软包、拼花马赛克

A 项目定位 Design Proposition

代表着江南水乡历史与文化的古都苏州，比邻石湖景区的绝佳立地内，本案会所就隐身在此。会所设定的客层从熟识苏州文化的本地人，乃至钟情于中国文化的境外人士，我们期望来访者在国际化的价值观中重新审视苏州文化，设计理念希望把苏州的艳丽美景融入素朴的室内设计，成功的关键就在于光线的运用。

B 环境风格 Creativity & Aesthetics

会所从酒店的大堂进入，黑色抛光的大理石地面、波浪般的纹路像似导引客人，尽头的水晶吊灯连接螺旋阶梯，将动线引入地下空间的会所。顺着楼梯拾级而下眼前豁然开朗，白色大理石墙的沙龙区背后，是一池隐喻青花瓷青葱牡丹图案的马赛克泳池，再望后眺望则是光线明亮、绿绿葱葱的下沉式花园，空间层次丰富且多彩。泳池水面泛着自然光将室内沙龙区打亮，让人完全不觉得深处地下，保有空间私密性的同时又兼具开放感！

C 空间布局 Space Planning

整体会所的设计，在简洁的空间布局中蕴藏着张扬的材质，素朴中隐透的艳丽，这就是视觉对比的苏式空间特色！色彩对比运用的手法延续至空间内部，洗手间墙面为泼墨山水般的花纹石材与花格印刷玻璃的对比，健身房墙面由彩色的玻璃重叠交织而成。

D 设计选材 Materials & Cost Effectiveness

为了能更好发挥自然光的效果，室内装饰尽量明亮简洁，藉由强烈的造型和对比的色彩来表现空间的质感，细部强调亮面不锈钢把手或镜面的反射等质感，冲击的绿色及紫色的丝绸引出光泽感。大理石地面的人字拼贴象征苏州园林的青砖，利用黑、白色砖做斜拼效果，具有将空间放大的效果，门板也是使用大胆的线条来延伸视线，对称配置的发光柱列强调空间轴线，种种设计手法都是为了将空间的视觉感扩大。

E 使用效果 Fidelity to Client

中国是个历史积累深厚的国家，外国人要在此从事设计工作必须对中国文化有一定的认识。要全盘理解和学习中华文化并且忠实的呈现，这对于外籍设计师肯定是有难度的。不过，身为一位日本设计师，日本自古受中国影响深远，后来独立发展出自身文化，本案中设计师试着从外国人的思维方式诠释苏州文化，从而创造出前所未有的苏式艳丽美景！

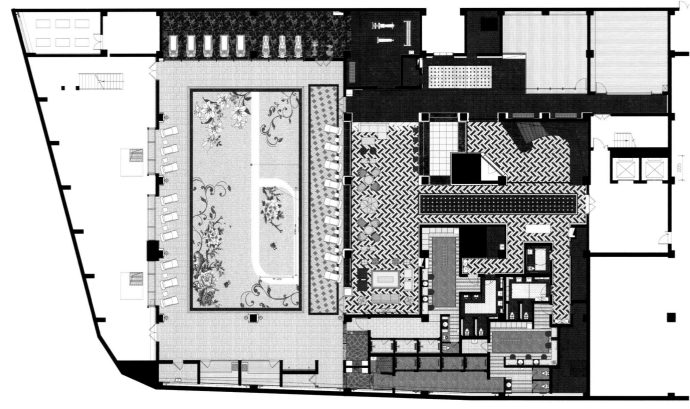

一层平面图

嘉峪关南湖大厦室内设计
INTERIOR DESIGN PHASE JIAYUGUAN
NANHU BUILDING

项目名称_嘉峪关市南湖大厦一期室内设计 / **主案设计**_刘旭东 / **参与设计**_贾江、焦庆夫、刘宏涛 / **项目地点**_甘肃省嘉峪关市 / **项目面积**_11000平方米 / **投资金额**_12000万元 / **主要材料**_科勒、辉煌时代、世纪美岚

A 项目定位 Design Proposition

该项目位于嘉峪关市，苍凉雄伟的万里长城西端起点，幅员辽阔，景观多变，恰似江南风光，又似五岭逶迤。文然对峙，格外迷人。色彩斑斓，如诗如画。历时溯源，千年遗风。穿越古老的驼铃声，从历史画卷中款款走来，古老的重镇，曾经风云汇聚，那一个个鲜活的印记，都是华夏文明千年的缩影。雄关漫道，驼铃悠然，看尽锦绣山河，感受这千年城关与大自然的珠联璧合，豪迈之情油然而生。仿佛置身与雄浑壮阔的画卷之中，远眺雪峰映明镜，聆听高山流清音。感受着大漠浩渺无边，绵延起伏，不尽感叹自然之伟大，造物者之神奇。乘着清风，重游边关故地，去体味雄关漫道独特的风情。恰逢盛宴，胜友如云，高朋满座，觥筹交错之间，宾主俱欢颜。

B 环境风格 Creativity & Aesthetics

南湖大厦，在继承传统中矢志创新，简约中透着精致，和雅中充满激情，将新中国风的内涵演绎的优雅，醉人。

C 空间布局 Space Planning

南湖大厦的魅力在于追求东方的平衡感，并将东西方的文化形式折衷融合，探寻真正属于中国的设计语言。让每一个到访的宾客在获得独特感官体验的同时，得到心灵的洗涤。

D 设计选材 Materials & Cost Effectiveness

通透材质的运用，搭配唯美的镂空屏风，朴素静雅，却又灵动耀眼。提醒着你这里是怎样一个不平凡的所在。严谨的布局和精巧的细节，融入现代简约的设计手法，无不展现着中式古典主义的构图美。

E 使用效果 Fidelity to Client

南湖大厦就是这样一个将文化、历史、艺术完美结合的空间，既保留了东方人积淀深厚的历史人文之归属感，又有大隐于市的从容淡定。不妨试想，在这里休憩冥想，放松身心，会是怎样一番闲逸自在，物我两忘的心境。

北京御汤山 SPA 会所
BEIJING YU TANG SHAN SPA CLUB

项目名称_北京御汤山 SPA 会所 / **主案设计**_吴文粒、陆伟英 / **项目地点**_北京市 / **项目面积**_3000 平方米 / **主要材料**_裂纹漆、马赛克、米黄大理石、艺术涂料

A **项目定位** Design Proposition
小汤山，素有"温泉古镇"之美称，为我国十大温泉之首，元明清曾经有 32 位帝王，御享此地 800 年。设计上用大气奢华的欧式帝王风格营造尊贵感。

B **环境风格** Creativity & Aesthetics
富有中式意境的精美雕花图案让客户体验温情含蓄的东方情思和热情浪漫的西式优雅。

C **空间布局** Space Planning
御汤山作为昔日皇家汤泉行宫原址上唯一别墅力作，设计上用大气奢华的欧式帝王风格营造尊贵感，3000 平方的面积，诠释出一种独有的僻静清幽之地。

D **设计选材** Materials & Cost Effectiveness
金属质感的帘幔引领客人进入水疗中心，半开放式空间的设计提升空间的私密性。

E **使用效果** Fidelity to Client
照明设计采用反射式灯光照明或局部灯光照明，让宾客在色光、香气和音乐的配合下，从视觉、嗅觉和听觉上都得到前所未有的净化，投入宁谧恬静的国度。

一层平面图

元和荟会所
YUAN HE HUI CLUB

项目名称 _ 元和荟会所 / 主案设计 _ 刘可华 / 参与设计 _ 何俊锋 / 项目地点 _ 福建省泉州市 / 项目面积 _ 3000 平方米 / 投资金额 _ 800 万元 / 主要材料 _mr dream、环球视野

A **项目定位** Design Proposition
在城市的旧厂房的基础上进行改造，打造具有城市文化和现代新意的会所空间。

B **环境风格** Creativity & Aesthetics
以旧建筑进行改造而来的，以新中式风格与现代主义完美融合，荟萃省内外精英，致力福建乃至全国范围内的精英人群打造一个富有价值和声誉的高端社交平台，元和荟作为泉州乃至海西的高端会所，是体现价值和荣耀的价值会所，会所功能齐备，精英会所，笑谈有鸿儒，是静享清幽恬淡的大美之所。

C **空间布局** Space Planning
新旧结合的空间布局，在城市的包围下留有一丝幽静休闲的环境。

D **设计选材** Materials & Cost Effectiveness
现代式材料新在就有的基础上进行结合。

E **使用效果** Fidelity to Client
产生良好的营收，客人赞誉有加。

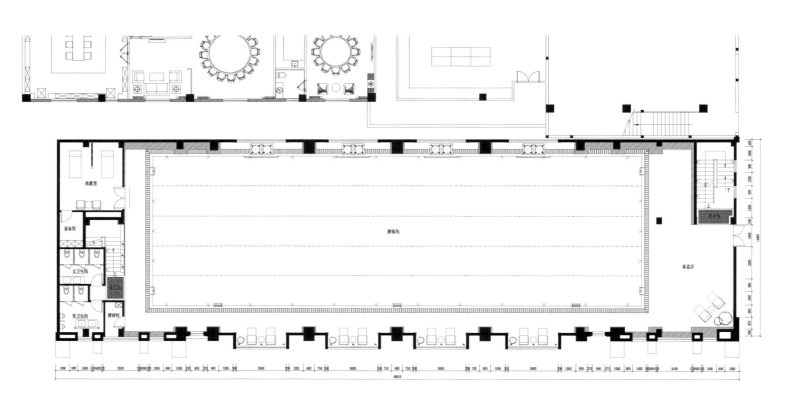

一层平面图

原创美业
THE ORIGINAL BEAUTY INDUSTRY

项目名称 _ 原创美业 / 主案设计 _ 朱统菁 / 项目地点 _ 浙江省平湖市 / 项目面积 _120 平方米 / 投资金额 _15 万元 / 主要材料 _ 恒福

A 项目定位 Design Proposition
本案为美发空间设计，属于二次改造项目。

B 环境风格 Creativity & Aesthetics
简洁明亮的白色为主色调，结合黑色线条的辅助色搭配，营造出时尚混搭的风格设计。

C 空间布局 Space Planning
空间布局，由于是美发空间，很多区域是开放式的，比如剪发位置同时又需要具备一定的私密性。因此在布局方面采用了墙体分割，即是装饰背景墙又是分割区域的最好表现方式。

D 设计选材 Materials & Cost Effectiveness
选材方面大多以黑白色为主，比如黑色的木线条，蓝色的墙纸。

E 使用效果 Fidelity to Client
美发空间，设计完成后实际效果与同行业美发空间相比有独特的室内环境，深受业主喜爱。

索拉古贝SPA·
足浴养生会所
SOLA ANCIENT. SPA. FOOT BATH. HEALTH CLUB

项目名称 _ 索拉古贝 SPA·足浴养生会所 / **主案设计** _ 季蓉慧 / **参与设计** _ 陈碧帆、张建远 / **项目地点** _ 浙江省金华市 / **项目面积** _5000 平方米 / **投资金额** _1500 万元 / **主要材料** _TOTO

A 项目定位 Design Proposition

东阳市集木雕、砖雕、石雕、彩绘艺术为一体、被国内外专家誉为"具有国际水平的文化艺术遗产"的明清古建筑群就有 260 多处，是中国传统手工艺的传承地。在休闲娱乐上的消费亦很大，但是没有标志性的休闲会所，于是在甲方的支持下，我们希望做一个极具东阳特色和代表性的一个商业空间。

B 环境风格 Creativity & Aesthetics

本案结合东阳当地的优势产业，打造了新东方的一个设计风格。在充分选取当地的传统装饰元素外加入了现代的装饰要点，整体空间古朴且时尚，怀旧亦不沉闷。

C 空间布局 Space Planning

本案三层为女宾美容部，二层为足浴，一层设有大厅，等候区，美发部，茶室以及一个博物馆。博物馆是整个设计的亮点，其古朴的设计风格为客户展示各种中草药材和养生器皿，是商业空间很少能做到的一个比较大规模的文化展示的空间。地下夹层和地下室为 SPA 区，幽暗的地下环境也让 SPA 的氛围更为温馨。

D 设计选材 Materials & Cost Effectiveness

运用了大面积的花格和麻布材质，让空间和墙面的划分更为柔和。仿古的木材、家具和装饰挂件让空间更为丰盈，让人置身其中便能静下心来。

E 使用效果 Fidelity to Client

该会所投入营运后嫣然成了东阳休闲场所的标杆。试营业期间便创造了不菲的营业额，在当地的反响极大。

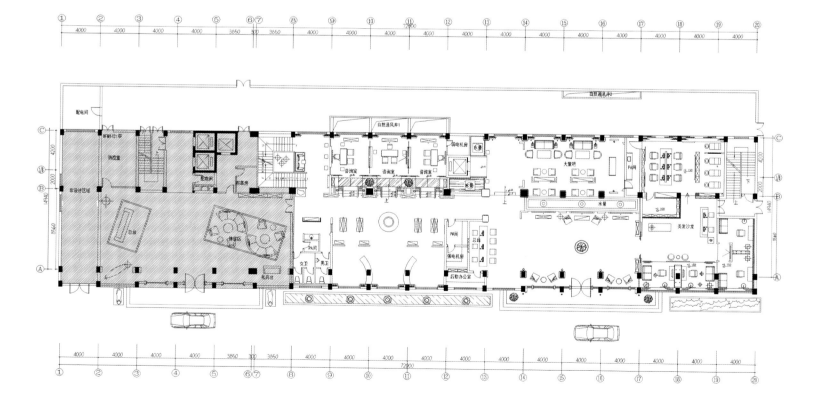

一层平面图

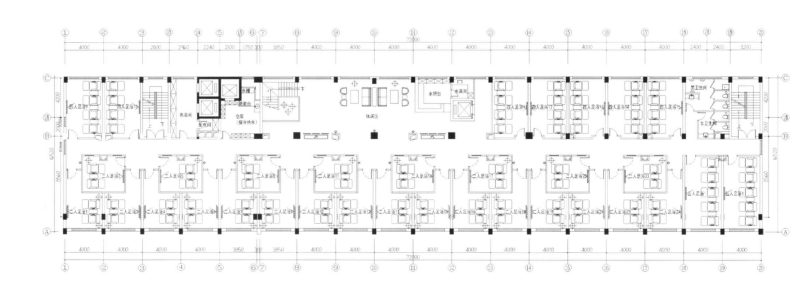

二层平面图

欧灵造型
OREN MODELING

项目名称 _ 欧灵造型 / 主案设计 _ 曾伟坤、曾伟锋、李霖 / 项目地点 _ 厦门瑞景商业广场 / 项目面积 _ 320 平方米 / 投资金额 _ 40 万元 / 主要材料 _ 灰色水泥纤维板 - 钢管烤漆

A **项目定位** Design Proposition
设计跳脱狭义的"中国风"。

B **环境风格** Creativity & Aesthetics
没有遵循复古的路线而是经过提炼简化。

C **空间布局** Space Planning
通过墙面灰色水泥纤维板及立面的装饰花格屏风来保留传统视觉意象，创造出现代新中式干净利练的空间氛围。

D **设计选材** Materials & Cost Effectiveness
采用现代材料，金属铝材，玻璃，花岗岩等。

E **使用效果** Fidelity to Client
很好。

重生《兰亭会》
CHONGSHENG

项目名称 _ 重生《兰亭会》/ **主案设计** _ 胡笑天 / **项目地点** _ 江西省南昌市 / **项目面积** _ 300 平方米 / **投资金额** _ 80 万元 / **主要材料** _ 灰泥、地板

A 项目定位 Design Proposition
如何利用旧有装修的场所上进行第二次的适度装修，我们这几年在这个命题上做了不少的探讨和摸索，也得到了许多客户的认可。这个项目的前身也是一个办公场所，客户这次的想法是最小的改造把它改造成具有会所兼办公的功能，客户是个理性优雅而又成功的女企业家，她对这个场所的理念以办公结合会所为缘结识志同道合的挚友，倾囊之、向往之……

B 环境风格 Creativity & Aesthetics
用怎样的视角来讲述这么个场所？这不免让人想起了王羲之的《兰亭序》中，"群贤毕至，少长咸集。"的兰亭，大概就是这样了，众多贤才都汇聚到这里，年龄大的小的都聚集在这里分享、欢聚、重温，在如今的大时代，互相提携、互相关心、同舟共济，这也是会所功能所在。创意与客户不谋而合。

C 空间布局 Space Planning
围绕《兰亭会》的这个主题和空间氛围，我们在原有的功能布局进行了局部调整，墙面和天花做最大的保留，地面重新铺装了地板，强调人文关怀的实在。墙立面颜色、顶部灯光、家具、摆件、窗帘配饰等我们重点做了属性设计处理，强调大气简洁、朴实无华的氛围。整个空间精致优雅、落落大方、余味留甘。

D 设计选材 Materials & Cost Effectiveness
本案是一个设计风格古朴大方的典型。同时它又是一个由旧处所进行改造的成功案例。室内设计以黑色和白色为主色调，精致的线条，明亮的环境，左侧是古典雅致的沙发茶几，右侧是大气简洁的餐厅桌椅。客厅里的各种细节，古代特色的刺绣纹理，陶瓷质地的灯饰摆件，明亮大气的灯光效果，精致典雅，落落大方。
各处细节的重新设计，都彰显出设计者的理性和强调人文关怀。结合时尚元素和具有品质及个性的材料，对空间进行全新地诠释。软装的设计凸现艺术性，茶几的各种摆件传递出一种清新沁人的书卷气息。

E 使用效果 Fidelity to Client
这个项目完成后得到客户及其朋友圈的高度认可，同时也给我们带来一个深思，许多可利用的场所还没发挥完它的作用就被处理，装修过度浪费的现象应该引起我们每个设计师的重视，有些空间不要"浴火"也能再获"重生"。

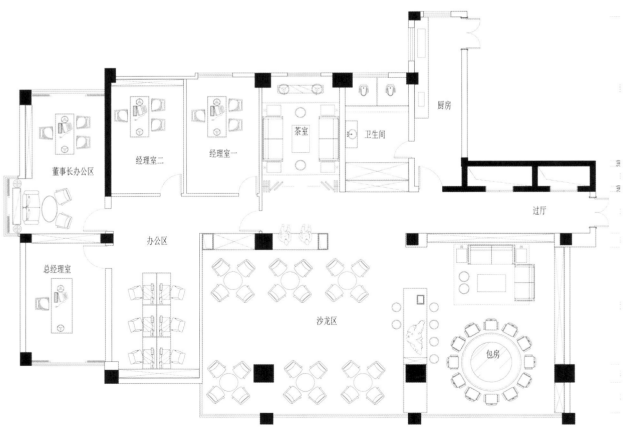

董事长办公区

经理室二

经理室一

茶室

卫生间

厨房

过厅

办公区

总经理室

沙龙区

包房

一层平面图

百年裕泰连锁体系——
裕泰东方
CHENGDU CHINA HALL COURTYARD

项目名称_百年裕泰连锁体系——裕泰东方 / 主案设计_赖建安 / 参与设计_高天金、朱珈漪 / 项目地点_上海市 / 项目面积_475平方米 / 投资金额_1600万元 / 主要材料_科定、多乐士、GET

A 项目定位 Design Proposition

吴裕泰茶庄始建于1887年，至今已有百年历史，以凸显百年人文茶馆的存在价值及意义。秉承这样的气质，我们从现代的中国风的角度让中国的百年茶文化获得了新的生命，而对中国传统材质和古代元素的精准运用，让整个空间古今交织，相互融合，充满时代气息，又不乏现代感的时尚，并将女性柔美质感融入其中。

B 环境风格 Creativity & Aesthetics

从传统古朴出发，对中国元素进行了提炼，锦砖、竹藤、石块、铜板等，似乎一个关乎于中国茶文化的讲述就此娓娓道来。现代建筑的体量感在中国元素的表面装饰之后，增添了人文的感官享受，成为都市中难觅的一隅，自然且悠闲。现代建筑原本的冰冷和距离感就此巧妙的被设计者淡化了。

C 空间布局 Space Planning

空间布局与茶庄的商业运行模式相结合，动静分离，动线布置与人的活动动态相结合，贯穿整个空间，相得益彰。

D 设计选材 Materials & Cost Effectiveness

材料上选用中国的传统材质，锦砖、瓷板、大理石、花梨木实木、铜板结合穿插，整个空间色系协调、质朴。

E 使用效果 Fidelity to Client

空间极具中国风，得到业主及广大社会人士的好评，在全国 吸引了百家投资商，打造成全国连锁体系。

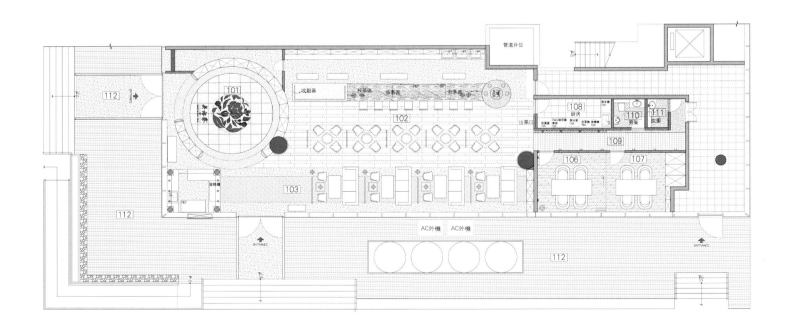

一层平面图

田厦国际·荣瑞兴业企业会所
TIANXIA INTERNATIONAL·RRXY
BUSINESS CLUB

项目名称 _ 田厦国际·荣瑞兴业企业会所 / **主案设计** _ 陈飞杰 / **参与设计** _ 余祖兴 Steven Yu / **项目地点** _ 广东省深圳市 / **项目面积** _ 380 平方米 / **投资金额** _ 200 万元 /
主要材料 _ 富力辉煌、土耳其灰、缅甸鸡翅、非洲尼斯、布艺等

A 项目定位 Design Proposition

该项目位于深圳田厦国际中心定位为办公会所，因业主对中国传统文化有着浓厚的兴趣，因此在设计过程中我们为办公室注入了中国元素，展现出富有深刻内涵的视觉空间及该企业独特的个性与特点。

B 环境风格 Creativity & Aesthetics

办公室的前台设计以现代简约为主，弧形线条贯穿于现代与古典之间。左边打造现代化的办公空间，以土耳其灰为主色调。由于现代人办公讲究效率，强调细节，我们用灰色加以强化该特点，突显成熟稳重的办公特质，打造第一眼视觉上企业值得信赖的外在形象。

C 空间布局 Space Planning

前台右边走廊两侧分别是会议室和水吧区，会议室内部结构依然沿用土耳其灰，与整体的现代风格达成一致。会议室对面融入较多的中国元素，通过富有雕刻艺术感的屏风进入颇具传统风情的特色会客空间，此空间的设立源于业主对中国茶叶文化的浓厚兴趣。内部放置的古典瓷器，厚重古木案桌与木墩凳等一系列中国元素的渗入，为整个空间添加了些许静谧、祥和的氛围，将都市中人们浮躁的心渐渐抚平。然而整个空间由于现代水吧的加入又呈现了现代与古代的融合，这正是我们想突显的效果，没有突兀反而更显融洽与真实。

D 设计选材 Materials & Cost Effectiveness

在主材上我们选择富力辉煌、土耳其灰贯穿全场，演绎沉着冷静又略带简练的现代简约之风，辅材上加入缅甸鸡翅、非洲尼斯、布艺来回穿插其中，为我们即将注入的中国元素埋下伏笔，我们大胆的运用弧线直线等动线让整个空间看起来灵活，而雕刻木门的选择上又让人异常冷静，这看似冲突的设计，其实更让人对该空间有阅读赏析的探究力。

E 使用效果 Fidelity to Client

对于田厦国际中心这样一个办公气息浓郁的准办公大厦来说，办公会所的打造原本就少有。一是我们的设计为办公人员带来会所 VIP 的享受，让他们犹如在会所中办公，其整体精神面貌也会有所提高。二是同时对客户来说，这个场地更是品牌的输出地，将大大提升了该品牌在客户心中的地位。

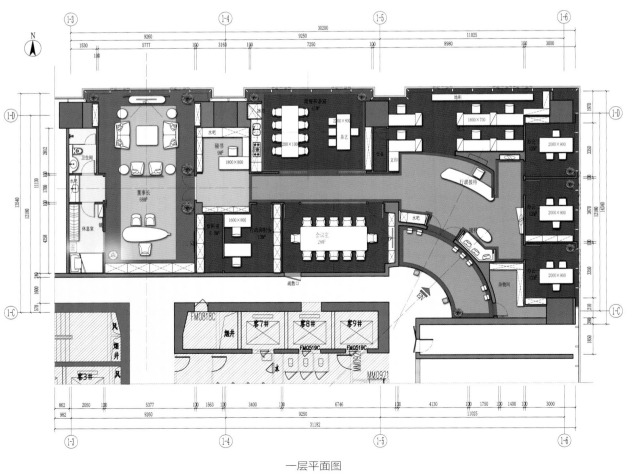

一层平面图

原河名墅社区会所
THE ORIGINAL RIVER FAMOUS COMMUNITY

项目名称 _ 原河名墅社区会所 / 主案设计 _ 张迎军 / 项目地点 _ 河北石家庄市 / 项目面积 _ 2500 平方米 / 投资金额 _ 600 万元 / 主要材料 _ 定制材料

A 项目定位 Design Proposition

会所的经营定位是为原河名墅业主的社区生活提供配套及延伸的有品质的服务。会所的设计主题定位是漫生活的体验。

B 环境风格 Creativity & Aesthetics

会所的一层大堂是典雅而明亮的简欧风格，左侧设有一组铜质的欧洲骏马，表现的是"放马南山"的悠闲和母与子的亲情。迎面一架卸载的西式马车，车上车下摆放着酒桶、水桶、木桶和鲜花。右侧的迎宾台上一盏长形树枝灯，上面趴着几只可爱的喜鹊，在以各种舞姿向客人打招呼。大堂音乐书吧在建筑的中央，左右连接休闲漫餐厅和精品屋。书吧是由八组英式的书柜围合而成。样式各异的休闲沙发和书椅为客人提供了读书、聊天的方便。各种国内外书籍、报纸、杂志、插花、工艺小品充满其中，还有咖啡、茶香、檀香和轻音乐。休闲漫餐厅是为客人提供早餐、风味午餐、晚餐以及下午茶和夜宵的全日制餐厅。

C 空间布局 Space Planning

酒吧是为社区的业主准备的较私密性的社团活动场所，空间相对独立。设计从功能上兼顾酒吧和主题活动的双重性。紫铜和老木板结合的酒吧台显得经典而个性，英式皮质家具、酒具、咖啡具好像诉说着在历史上的某个时刻发生的许许多多的故事。

D 设计选材 Materials & Cost Effectiveness

茶舍的位置位于会所一层的西南角，茶的心情水知道，要倾听自我的声音，喝茶是个不错的选择。远远看见石墙边的插花，好像在等待老朋友相会。走过水池中央的木栈道，心情自然的放松下来。电动感应门徐徐打开，又闻到幽幽的檀香，古旧的砖墙静静的映衬着柚木的博古架。

E 使用效果 Fidelity to Client

漫生活，让心情更舒朗，让人生更精彩。

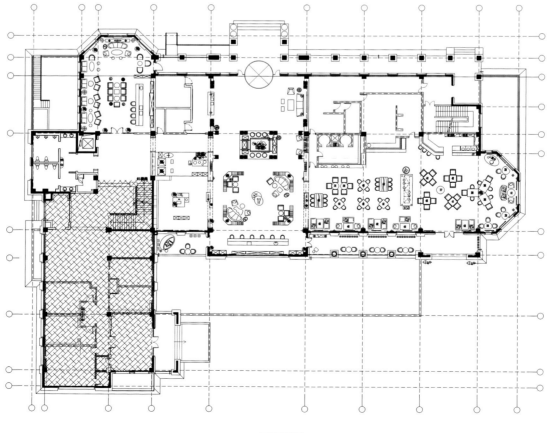

一层平面图

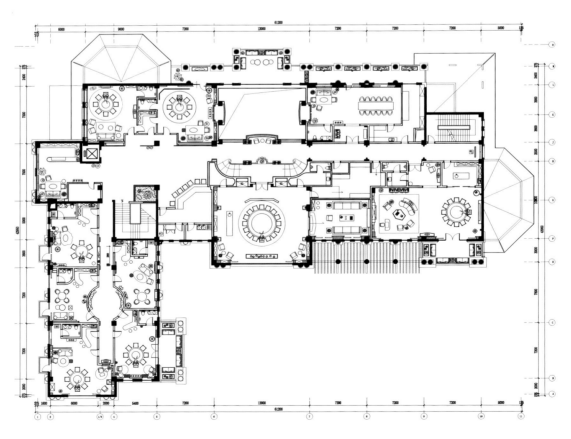

二层平面图